图 解 家 装 细 部 设 计 系 列

Diagram to domestic outfit detail design

儿童房 666 例

Children's room

主 编:董 君 / 副主编:贾 刚 土 琰 卢海华

中国林业出版社

目录 / Contents

MODERN
现代潮流

创造\实用\空间\简洁\前卫\装饰\艺术\混合\叠加\错位\裂变\解构\新潮\低调\构造\工艺\功能\创造\实用\空间\简洁\前卫\装饰\艺术\混合\错位\裂变\解构\新潮\低调\构造\工艺\功能\简洁\前卫\装饰\艺术\混合\叠加\错位\裂变\解构\新潮\低调\构造\工艺\功能\创造\实用\空间\简洁\前卫\装饰\艺术\混合\叠加\错位\裂变\解构\新潮\低调\构造\工艺\功能\创造\实用\空间\简洁\前卫\装饰\艺术\混合\叠加\错位\裂变\解构\新潮\低调\构造\工艺\功能\简洁\前卫\装饰\艺术\混合\叠加\错位\裂变\解构\新潮\低调\构造\工艺\功能\创造\实用\空间\简洁\前卫\装饰\艺术\混合\叠加\错位\裂变\解构\新潮\低调\构造\工艺\功能\创造\实用\空间\简洁\前卫\装饰\艺术\混合\叠加\错位\裂变\解构\新潮\低调\构造\工艺\功能\创造\实用\空间\简洁\前卫\装饰\艺术\混合\叠加\错位\裂变\解构\新潮\低调\构造\工艺\功能\简洁\前卫\装饰\艺术\混合\叠加\错位\裂变\解构\新潮\低调\构造\工艺\功能\简洁\前卫\装饰\艺术\混合\叠加\错位\裂变\解构\新潮\低调\构造\工艺\功能\创造\实用\空间\简洁\前卫\装饰\艺术\混合\叠加\错位\裂变\解构\新潮\低调\构造\工艺\功能\创造\实用\空间\简洁\前卫\装饰\艺术\混合\叠加\错位\裂变\解构\新潮\低调\构造\工艺\功能\创造\实用\空间\简洁\前卫\装饰\艺术\混合\叠加\错位\裂变\解构\新潮\低调\构造\工艺\功能\创造\实用\空间\简洁\前卫\装饰\艺术\混合\叠加\错位\裂变\解构\新潮\低调\构造\工艺\功能\创造\实用\空间\简洁\前卫

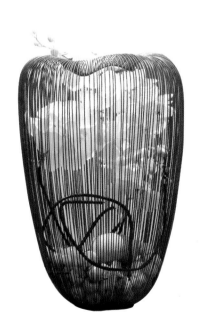

MODERN
现代潮流

透视的艺术效果、抽象的排列组合、黑白灰的经典颜色……明朗大胆，映衬在金属、人造石等材质的墙面装饰中不显生硬，反而让居室弥散着艺术气息，适合喜欢新奇多变生活的时尚青年。

暖暖的调子，给孩子一种温暖的感觉。

几个玩偶的搭配，给孩子亲切的相伴。

多数孩子的童年都有参军的梦。

卧室的架子鼓是孩子的最爱。

壁纸有种神奇的魔力，给人别样生活。

大幅的落地窗让空间变得通透而明亮。

魔幻的吊顶和灯光。

细腻的花格背景墙。

中式简约的风格。

清新淡雅的空间。

壁纸有种神奇的魔力，给人别样生活。

蓝色的主题给人明快的调子。

浅蓝色的顶给人一种大海般的清爽。

色彩斑斓的床单，吸引着孩子的注意力。

活泼而有趣的家具吸引着儿童的心。

绿色成为空间的亮点。

清新而自然的简约风格。

背景墙是设计的亮点。

洁净而鲜亮的空间。

定制的家具吸引着孩子的注意力。

两幅公仔挂画吸引着孩子的眼球。

装饰柜满足孩子陈列的需要。

蓝色给人一种大海的平静。

展示架满足了陈列的需要。

斜坡顶的儿童房充分的利用了空间。

大幅的窗户将户外的景致吸引到室内。

洁净而明亮的空间。

浅色的空间，给人舒适的感觉。

青花图案的床头挂画。

一组挂画吸引着孩子的注意力。

天花吊顶是设计的亮点。

大幅的照片墙记载着孩子的成长经历。

壁纸有着一种天生的神奇魔力，能力墙面打造出百变妆容。

镜面让空间变得"宽大"。

陈列架满足了孩子陈列的需要。

cnicons.com

壁纸有着一种天生的神奇魔力，能为墙面打造出百变妆容。

波浪式的室内装饰。

隐藏的柜子满足了储物的需求。

简洁而明快的空间。

深色的地板与米黄色的壁纸相互呼应。

壁纸吸引着孩子的注意力。

大幅的窗户让空间变得通透。

壁纸有着一种天生的神奇魔力，能为墙面打造出百变妆容。

魔幻的活动空间。

一幅漫画给空间一种青春的活力。

装饰画的摆放是本案的重点。

原木的组合给孩子一片清新自然之美。

竖状的壁纸让层高变得高挑。

演出服和化妆箱是女孩的最爱。

背景墙的设计是本案的重点。

大幅量的储物空间满足了孩子的需要。

大幅的落地窗将户外的景色引入了室内。

通过隔断的分隔，满足了两个孩子睡眠的需要。

大量的玩偶装置其中，有一种置身迪士尼的感觉。

四幅青春洋溢的挂画，给人一种青春般的活力。

蓝色是空间的主色调，给人一种大海般的宁静。

魔幻般的墙纸。

粉色的调子是女孩的最爱。

洁白的空间，满足女孩的公主梦。

粉红是女孩子的最爱。

床头精致的摆件提升了空间的品位。

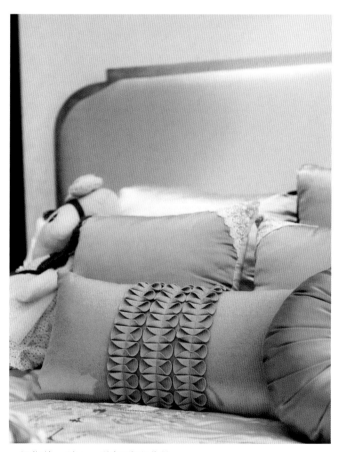

一组靠垫，给人一种舒适的感觉。

小空间的综合利用。

红色给人一种热情奔放的感觉。

对称、和谐之中夹杂着变化。

两幅幼稚的卡通画是孩子的最爱。

简单而精致的配饰。

粉红是女孩子的最爱。

壁纸营造出蓝天和白云般的感觉。

条纹是本案设计的重点。

两幅托马斯小火车的挂画给孩子一个美好的童年。

大量的装饰挂画，满足孩子好奇的需求。

粉红色的调子是每个女孩子的最爱。

魔幻的空间，处处都有惊喜。

小摆件的搭配，让空间变得丰满起来。

两个女孩子的童年起居生活。

考拉的小摆件可爱至极。

浅色的壁纸映衬着黑色的挂画。

竖条的壁纸让空间变得高挑而透亮起来。

淡雅的色彩让空间鲜亮了起来。

软装配饰让空间丰满了起来。

玻璃面墙让空间变得通透而宽敞起来。

装饰隔断满足陈列和摆放的需要。

壁纸给人一种清新淡雅和宁静致远。

多层的隔断陈列着孩子的最爱。

卷草纹的壁纸让空间充满了活力。

原木生活给孩子一直清新和自然。

竖状壁纸让空间变得高挑。

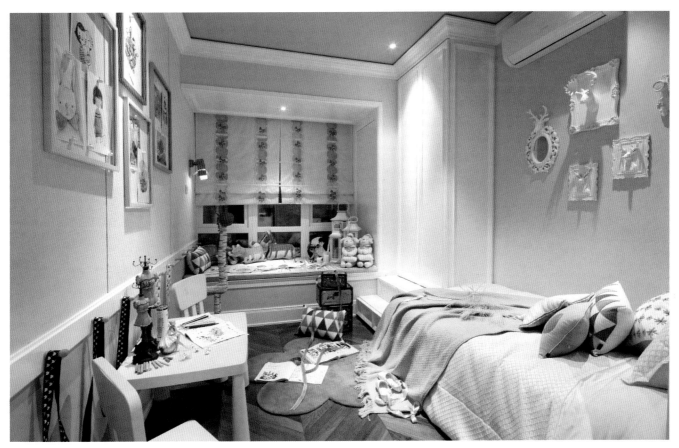

大面积的蓝色配上粉色的家具，与空间协调搭配。

软装配饰让空间丰满起来。

陈列柜满足孩子的陈列需求。

隔断让空间变得层次多样。

榻榻米的设计满足了孩子娱乐的需要。

竖条状的壁纸让空间变得高挑而富有层次。

碎花壁纸衬托着空间。

粉色的壁纸是女孩的最爱。

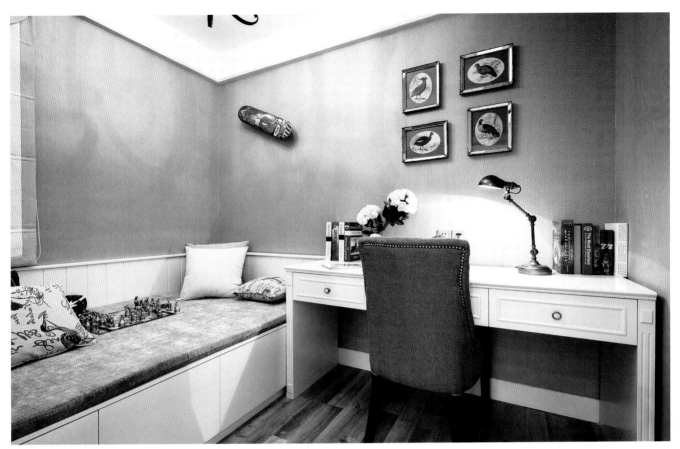

灰色的壁纸让空间变得干净和细致。

简单的陈设让空间变得通透。

精致的挂画给人雅致的生活。

几幅挂画和挂件让空间富有层次。

通透的落地窗让空间变得透亮起来。

条纹装的壁纸让空间变得细腻。

陈列柜满足孩子摆放的需要。

圆弧的装饰架让空间变得有趣。

浅木色的家具是孩子的最爱。

粉红色的主色调是孩子的最爱。

彩色条纹床单让空间变得鲜亮。

黑色的线条与浅色的壁纸相搭配。

浅蓝色调子给人一种大海般的平静。

对称是设计师常用的设计手法。

壁纸有着一种天生的神奇魔力，能为墙面打造出百变妆容。

黑白的冲突对比。

丰富的搭配让空间变得丰满。

黑色软包使得空间变得贵气。

浅绿色的壁纸给人春天般的青春活力。

定制的家具满足生活的需要。

浅蓝色的家具提亮了空间。

砖木结构的上下床以及兼做书架的楼梯让男孩有足够的活动空间。

粉色的空间给人温暖。

粉色的床和窗帘让空间温馨而可爱。

粉红色的调子是孩子的最爱。

大幅落地窗让空间变得通透。

床头的陈列架满足孩子陈列的需求。

浅色的地面与壁纸相互呼应。

细致的搭配满足精致生活。

浅蓝色的墙漆让空间平静起来。

粉红色是女孩的最爱。

壁纸有着一种天生的神奇魔力，能为墙面打造出百变妆容。

吊顶的处理是空间的亮点。

壁纸有着一种天生的神奇魔力，让空间变得贵气。

富有层次的搭配是孩子的最爱。

米字国旗在家具上的运用让空间生动起来。

配饰是设计师精心的选择。

条状的壁纸让空间变得高挑起来。

墙裙是本案设计的亮点。

大幅的落地窗将户外的精致映入室内。

壁纸和家具相互配搭。

大幅落地窗让空间变得通透。

粉红色的窗帘成为空间的视觉焦点。

床头帷幔的应用满足女孩的公主梦。

室内空间中家具与装饰的合理搭配。

儿童储物空间的综合运用。

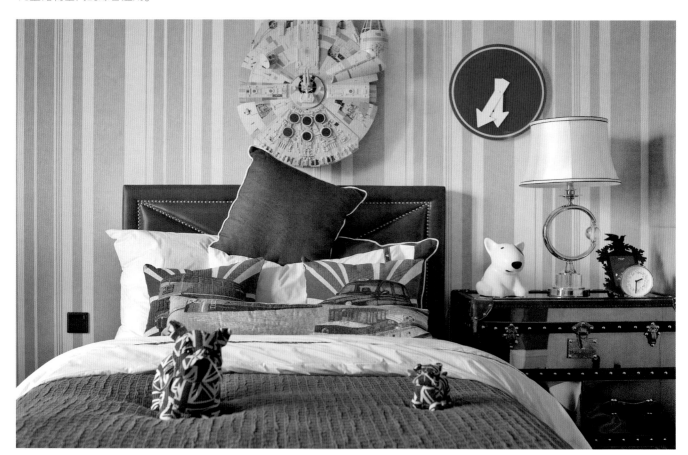

条纹状的壁纸让空间的层次多元起来。

黄色的地面与金色的壁纸相互呼应。

卷草纹的壁纸让空间富有层次感。

欧式豪华的装饰满足主人对华丽生活的向往。

软包装饰墙是本案的亮点。

床头主题墙是本案的设计重点。

装饰挂画丰富了空间的色彩。

条纹状的壁纸让空间变得通透。

装饰的陈列架让空间变得更加细腻。

凯蒂猫的装饰是每个小女孩的最爱。

壁纸的应用让空间变得细腻而丰富起来。

天花吊顶是本案的设计亮点。

孩子与动物的交流，是一种天生的能力，也是一种天使的爱心。

壁纸的应用让空间变得细腻而丰富起来。

床幔的应用满足每个女孩的公主梦。

高低床的摆放，让活动空间变得更大。

儿童房中的童趣小景。

富丽堂皇的儿童房。

墙面精致的装置提升了空间的品位。

挂画的装饰让空间变得丰满而生动。

粉红色的床单和床头是女孩子的最爱。

女儿房间的床采用液压上翻，省出空间满足女儿摇滚之星。

粉红色的背景墙是本案的主色调。

朱红色使得空间变得沉稳。

欧式大床足够孩子在上面翻滚玩耍。

大面的落地窗使得空间变得宽大而通透。

大面积的软包背景墙让空间变得更加舒适。

大量的玩偶都是孩子的最爱。

蓝色的家具提亮了空间。

柱头的运用让空间变得高挑起来。

粉色的壁纸是女孩子的最爱。

华丽的软包和天花吊顶相互呼应。

床头的床幔满足女孩的公主梦。

金色的壁纸让空间变得更加华丽。

壁纸有着一种天生的神奇魔力，能为墙面打造出百变妆容。

米字国旗让空间中的色彩格外耀眼。

粉色的壁纸是女孩子的最爱。

大量的摆件让空间变得富有层次感。

金色的背景墙让空间变得华贵。

华丽的软包和天花吊顶相互呼应。

女儿房的一角。

精致的空间。

背景墙采用软包设计满足舒适的生活。

紫色的床帷满足孩子的公主梦。

洁白而华丽的空间。

大圆床是女儿的最爱。

金色的背景墙让空间变得华贵。

紫色的床单有种神秘感觉。

金色的壁纸和黄色的窗帘相互呼应。

粉红色是女孩子的最爱。

条纹状的壁纸让空间富有层次。

蓝色的应用让空间有种平和与洁净之感。

米黄色调子给人温暖。

软包背景墙的运用让空间变得丰富起来。

条纹状的壁纸让空间更加细腻。

粉红色的床单提亮了空间的色彩。

自然\舒适\温婉\内敛\悠闲\舒畅\光挺\华丽\朴实\亲切\实在\平衡\温婉\内敛\悠闲\舒畅\光挺\华丽\自然\舒适\温婉\内敛\悠闲\舒畅\光挺\华丽\朴实\亲切\实在\平衡\温婉\内敛\悠闲\舒畅\光挺\华丽\自然\舒适\温婉\内敛\悠闲\舒畅\光挺\华丽\朴实\亲切\实在\平衡\温婉\内敛\悠闲\舒畅\光挺\华丽\自然\舒适\温婉\内敛\悠闲\舒畅\光挺\华丽\朴实\亲切\实在\平衡\温婉\内敛\悠闲\舒畅\光挺\华丽\朴实\亲切\实在\平衡\温婉\内敛\悠闲\舒畅\光挺\华丽\自然\舒适\温婉\内敛\悠闲\舒畅\光挺\华丽\朴实\亲切\实在\平衡\温婉\内敛\悠闲\舒畅\光挺\华丽\自然\舒适\温婉\内敛\悠闲\舒畅\光挺\华丽\朴实\亲切\实在\平衡\温婉\内敛\悠闲\舒畅\光挺\华丽\自然\舒适\温婉\内敛\悠闲\舒畅\光挺\华丽\朴实\亲切\实在\平衡\温婉\内敛\悠闲\舒畅\光挺\华丽\自然\舒适\温婉\内敛\悠闲\舒畅\光挺\华丽\朴实\亲切\实在\平衡\温婉\内敛\悠闲\舒畅\光挺\华丽\温婉\内敛\悠闲\舒畅\光挺\华丽\朴实\亲切\实在\平衡\温婉\内敛\悠闲\舒畅\光挺\华丽\自然\舒适\温婉\内敛\悠闲\舒畅\光挺\华丽\朴实\亲切\实在\平衡\温婉\内敛\悠闲\舒畅\光挺\华丽\朴实\亲切\实在\平衡\温婉\内敛\悠闲\舒畅\光挺\华丽\自然\舒适\温婉\内敛\悠闲\舒畅\光挺\华丽\朴实\亲切\实在\平衡\温婉\内敛\悠闲\舒畅\光挺\华丽\自然\舒适\温婉\内敛\悠闲\舒畅\光挺\华丽\朴实\亲切\实在\平衡\温婉\内敛\悠闲\舒畅\光挺\华丽\自然\舒适\温婉\内敛\悠闲\舒畅\光挺\华丽\朴实\亲切\实在\平衡\温婉\内敛\悠闲\舒畅\光挺\华丽\自然\舒适\温婉\内敛\悠闲\舒畅\光挺\华丽\朴实\亲切\实在\平衡\温婉\内敛\悠闲\舒畅\光挺\华丽\朴实\亲切\实在\平衡\温婉\内敛\悠闲\舒畅\光挺\华丽\自然\舒适\温婉\内敛\悠闲\舒畅\光挺\华丽\朴实\亲切\实在\平衡\温婉\内敛\悠闲\舒畅\光挺\华丽\自然\舒适\温婉\内敛\悠闲\舒畅\光挺\华丽\朴实\亲切\实在\平衡\温婉\内敛\悠闲\舒畅\光挺\华丽\自然\舒适\温婉\内敛\悠闲\舒畅\光挺\华丽\朴实\亲切\实在\平衡\温婉\内敛\悠闲\舒畅\光挺\华丽\朴实\亲切\实在\平衡\温婉\内敛\悠闲\舒畅\光挺\华丽\自然\舒适\温婉\内敛\悠闲\舒畅\光挺\华丽\朴实\亲切\实在\平衡\温婉\内敛\悠闲\舒畅\光挺\华丽\自然\舒适\温婉\内敛\悠闲\舒畅\光挺\华丽\朴实\亲切\实在\平衡\温婉\内敛\悠闲\舒畅\光挺\华丽\朴实\亲切\实在\平衡\温婉\内敛\悠闲\舒畅\光挺\华丽\自然\舒适\温婉\内敛\悠闲\舒畅\光挺\华丽\朴实\亲切\实在\平衡\温婉\内敛\悠闲\舒畅\光挺\华丽\自然\舒适\温婉\内敛\悠闲\舒畅\光挺\华丽\朴实\亲切\实在\平衡\温婉\内敛\悠闲\舒畅\光挺\华丽\自然\舒适\温婉\内敛\悠闲\舒畅\光挺\华丽\朴实\亲切

嫩绿色的色调给人一种青春的活力。

条纹状的壁纸让空间富有层次。

考虑到孩子需要更多的活动和玩耍空间，把本身的阳台纳入室内作为一方小天地，床尾的地毯正好延伸到本来的阳台区域。

金属色的背景墙给人高贵的感觉。

碎花的壁纸让空间变得丰富多彩。

北欧风格夹杂着地中海的调子。

北欧风格中夹杂着简约的情调。

铁艺的装置别有一番特色。

壁纸让空间富有层次。

对称的背景墙是本案设计亮点。

陈列架满足孩子摆放的需要。

树状的吊灯是空间的重点。

壁纸让空间富有层次。

红色成为空间的主色调。

床单上的印花别用特色。

软垫的配饰让空间富有层次感。

粉红色是女孩子的最爱。

整体色调糅合了蒂芙尼蓝、淡山茱萸粉，但基础色仍以白色为主，明亮轻快。

软包的应用让空间变得富有层次。

壁纸吸引了孩子的注意力。

多彩的软包墙面让孩子的空间变得更加安全。

软包的背景墙让空间变得更有层次感。

粉色是女孩子的最爱。

横的条纹和竖装的拉门和谐搭配。

女孩房的床幔是她的最爱。

神秘而有趣的空间。

紫色的床单有种神秘感觉。

粉红色是女孩的最爱。

条纹的壁纸让空间富有层次感。

银灰的背景墙提升了空间的品位。

窗幔和床幔相互呼应。

紫色给人一种神秘的感觉。

男孩房的一角。

透明的隔断，让空间变得更加通透。

壁纸和床幔的使用让空间变得更有层次。

背景墙的处理是本案的亮点。

背景墙的设计是本案的亮点。

黄色的背景墙让空间变得温暖。

这些玩偶都是孩子的最爱。

粉红色是女孩的最爱。

绿色的背景墙是本案设计亮点。

女孩房的一角。

男孩房的一角。

大红色的背景墙格外显眼。

男孩房里摆放着他的梦想。

精致的物品摆放其中。

浅色的调子给人一种舒适的感觉。

格子状的背景墙是本案的亮点。

凹凸的花格背景墙让空间富有层次感。

男孩房的一角，摆放他探险的梦。

椰树的图案给人一种自然而清新的感觉。

粉红色是女孩子的最爱。

女孩房一角。

条纹状的图案让空间富有层次。

圆弧的背景墙给人一种地中海式的田园风情。

childrensroom

大面积的陈列柜满足孩子摆放的需求。

壁纸让空间丰富多彩。

女孩房间的一角。

城堡的墙画有种神秘的色彩。

墙面的装置艺术是本案的特色。

条纹状的壁纸让空间富有层次。

陈列架摆放了孩子的最爱。

背景墙的设计是本案的重点。

铁艺床别有一番特色。

男孩房的一角。

黄色的背景墙给人热情和迸发的感觉。

粉红色是女孩子的最爱。

富有层次感的空间摆放着孩子的玩偶和梦想。

条纹状的床单提亮了空间。

树状的壁纸有种森林童话的感觉。

圆弧的陈列空间摆放着孩子的玩偶和梦想。

吊顶的处理与地面和谐统一。

壁纸有着一种天生的神奇魔力，能为墙面打造出百变妆容。

黄色的壁纸丰富了空间的色彩。

浅绿色的壁纸给人春天般的活力。

壁纸是业主精心的选择。

顶面的蓝天让空间变得高挑起来。

女孩房间的一角。

背景墙上的卷草纹是视觉中心。

壁纸有着一种天生的神奇魔力，能为墙面打造出百变妆容。

紧凑的小空间满足了两个女儿生活与学习的需要。

男孩房间的一角。

紫色的床单有种神秘感觉。

金色的壁纸和黄色的窗帘相互呼应。

粉红色是女孩子的最爱。

条纹状的壁纸让空间富有层次。

圆弧的窗户将窗外的景致引入了室内。

女孩房间的一角。

粉红色是女孩的最爱。

层次多变的一角。

蓝色的背景墙提升了空间的亮度。

男孩房间的一角。

铁艺的使用别用一番情调。

女孩房间的一角。

金色的壁纸和黄色的吊灯相互呼应。

深绿色的背景墙成为视觉中心。

条纹状的壁纸让空间富有层次。

哥特式的空间混搭着田园的风格。

条纹状的壁纸让空间富有层次。

女孩房的一角。

条纹状的背景墙成为视觉中心。

富有特色的背景墙吸引着孩子的注意力。

男孩房的一角。

儿童房字母屏风活泼益智。

儿童房开辟了独立的玩耍区和学习区，小主人的成长都会伴随这点点滴滴留下美好的回忆。

陈列架上摆满了孩子喜爱的书籍。